# 花草物语

HUACAO WUYU

**九色麓** 主编

二十一世纪出版社集团
21st Century Publishing Group
全国百佳出版社

# 目录

## 第六章　一树一民族

# 第一章

# 各有绝招的植物

养分是“生命之源”，没有它，任何生命都无法生存。虽然植物无法自由移动，但是为了延续生命，它们想出了各种各样的绝招来吸取养分。

# 吃虫子的草：猪笼草

## 捕虫小能手

为了生存，猪笼草常常要捕捉一些小昆虫加强营养。大多数猪笼草颜色鲜艳，好像穿着一条花裙子，这样可以吸引小昆虫。也因为这样，很多人把猪笼草养在家里，既可观赏，又可消灭室内的某些害虫。

## 小档案

猪笼草是热带食虫植物，主产地是东南亚的热带地区，如印度尼西亚、菲律宾等。中国广东也有极少分布。它们有一个专门捕捉小昆虫的“笼子”。

## 培育“杀手锏”

在潮湿的环境下，猪笼草的“杀手锏”——捕虫笼才能健康成长，而强烈的直射阳光会把捕虫笼灼伤。如果用一块薄纱把猪笼草罩住，再放到早晨的阳光下，捕虫笼会更好地生长，颜色也会更加鲜艳。

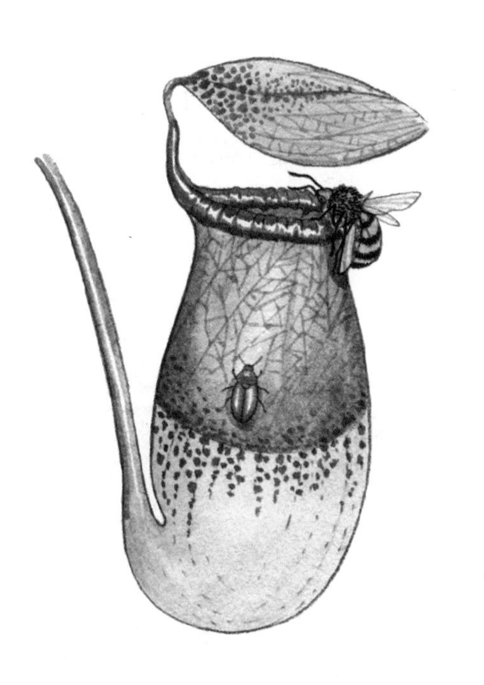

## 美丽的陷阱

猪笼草特别喜欢守株待兔，时刻等待着小虫子自投罗网。它们的捕虫笼会分泌很多“蜜汁”，这可是小虫子的美味。蜜汁有麻醉作用，吃了它们，小虫子就会“醉”倒而落入笼子里。笼子里有大量的消化液，消化液会把小虫子消化掉。

# 像一个小瓶子：瓶子草

## 小档案

和猪笼草一样，瓶子草也是肉食性植物。它们长着像瓶子一样的叶子，里面盛满了汁液。瓶子草主要分布在北美和墨西哥地区。

## 捕虫绝招

瓶子草没有猪笼草那样艳丽的外表，但有自己的秘密武器——消化液与雨水混合而成的“毒液”，它可以杀死小虫子，使之成为瓶子草的食物。那些“毒液”就储存在瓶子草的叶子中，叶子是它们赖以生存的工具。

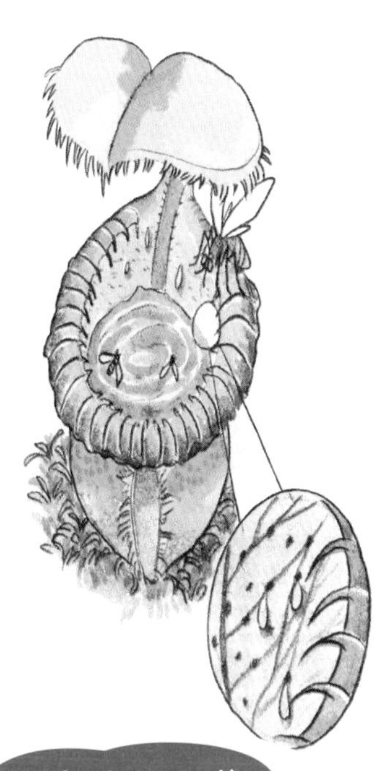

### 捕食方法

瓶子草的“瓶口”长了很多蜜腺，它可以分泌蜜汁，从而吸引小虫子来“光顾”。在“瓶子”的内壁，还长着许多倒立的绒毛，可以阻挡小虫子爬出“瓶子”。“瓶子”里面的汁液，可以将昆虫体内的蛋白质溶解，变为营养物质，然后被吸收。

### 眼镜蛇瓶子草

眼镜蛇瓶子草是瓶子草中最出名的一种。它们的叶子上半部卷曲，卷曲的底端又生出一片狭长的叶片，就像一条吐着信子的眼镜蛇。再加上它们的叶子颜色艳丽，碧绿的底色上布满了鲜红的花纹，让不少动物望而生畏。

苍蝇的地狱：

# 捕蝇草

## 最受人们欢迎

在捕蝇草的叶子顶端，有一个酷似贝壳的捕虫夹。这个捕虫夹颜色鲜艳，又长着长长的尖刺。捕蝇草捕虫准确而迅速，这使它们成为最受欢迎的捕虫植物，因此它们经常被人们放在家里作为观赏植物。

## 小档案

捕蝇草是自然界出了名的肉食性植物。它们喜欢捕食小虫子，尤其是蚊蝇。捕蝇草面目狰狞，有一张“血盆大口”，这张“大口”就是专门用来捕捉昆虫的。

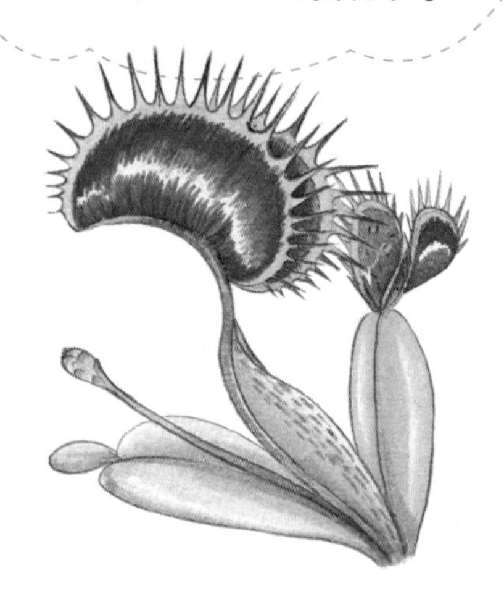

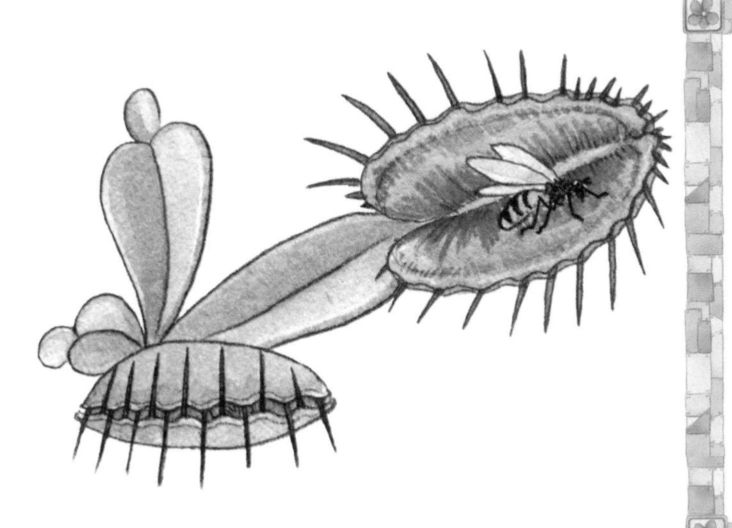

## 反应敏捷

捕蝇草的捕虫夹一般生有3对感觉毛，任意一根感觉毛被触碰两次，或者分别触碰两根感觉毛，且触碰时间为20秒～30秒，捕虫夹就会闭合，将小虫子捉住。

## 猎手的成长

捕蝇草发芽后四五年可长为成熟的“猎手”，如果养料充足，它们可以存活20年～30年。

春天，当长出第一片叶子时，捕蝇草就有了一个完整的捕虫器。夏天，它们会开出白色的小花，同时捕捉昆虫为过冬储存能量。秋天，它们会长出一种生长速度较慢的叶子，以减少身体能量的消耗。

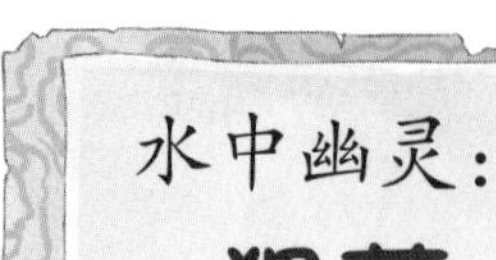

# 水中幽灵：狸藻

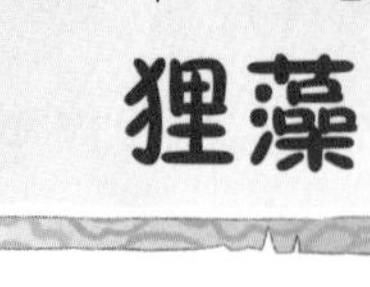

## 小档案

狸藻一生都在水中度过。它们体形纤细，几乎没有根，茎也很细小，叶片是一条条的，呈细丝状。由于叶子密而细，它们常被用作水族缸中的造景水草。

## 水中幽灵

夏天，狸藻的茎上会抽出一根花梗，露出水面，在花梗顶端一般会开出几朵黄色的小花。别看狸藻身材娇小，可它们是肉食植物，叶子边上长着的“小口袋”就是它们捕虫的工具。

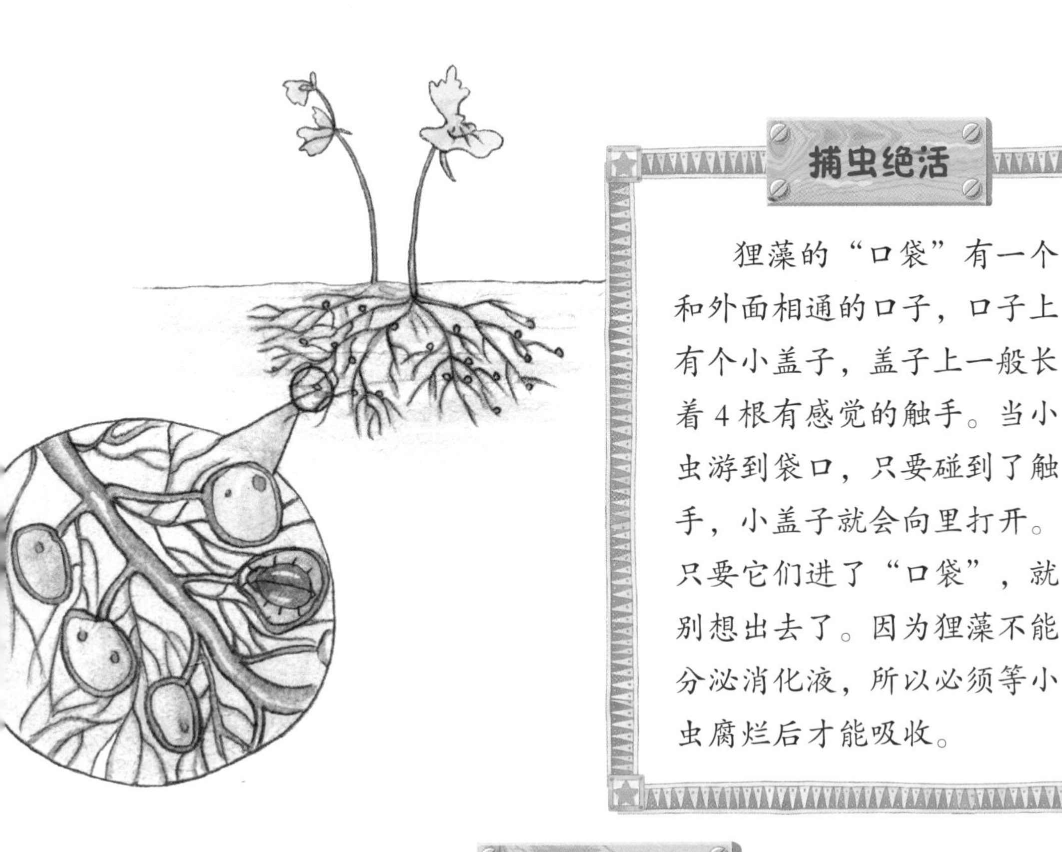

## 捕虫绝活

狸藻的“口袋”有一个和外面相通的口子，口子上有个小盖子，盖子上一般长着4根有感觉的触手。当小虫游到袋口，只要碰到了触手，小盖子就会向里打开。只要它们进了“口袋”，就别想出去了。因为狸藻不能分泌消化液，所以必须等小虫腐烂后才能吸收。

## 漂亮的盆景

大多数的狸藻都有漂亮的花朵，所以它们成了盆景植物。其中花朵形状最可爱的是“小白兔”狸藻。它开出的花朵像小白兔一样，支棱起两只可爱的小耳朵。“小兔子”们可以持续开花一个星期，除了冬天，其他时间都会有小花陆续长出。

# 甜蜜的陷阱：茅膏菜

## 小档案

茅膏菜分布于世界各地，喜欢生长在水边湿地或湿草甸中，形态各异，是食虫植物中的一个大类。茅膏菜的叶片密布着晶莹剔透的“露珠”，光彩夺目。

## 人们的“宠物”

茅膏菜没有强大的捕食器，只能靠绒毛和消化液捕食昆虫，因此只能捕捉一些小昆虫，如蚂蚁。因为体形娇小可爱，茅膏菜深受人们的欢迎。此外，它们还有药用价值，人们常能在市场上看到，这是与人类最亲近的肉食植物。

## 敏感的猎手

茅膏菜叶子上的绒毛能够分泌蜜汁，从而吸引小昆虫前来觅食。小昆虫靠近之时，它们就会被粘住。然后，茅膏菜的绒毛向内和向下运动，将小昆虫紧紧地压在叶面上，直到小昆虫被消化吸收。

## 毒药结合

医书记载，茅膏菜内含有毒物质，它们泡出来的水能够引发皮肤炎症和灼痛。但如果将茅膏菜的球状根辅以其他药物按量调配，则能治疗风湿、跌打损伤等病症，还可以止痛、止血。

# 腐臭的花王：大王花

**小档案**

在印度尼西亚苏门答腊的热带雨林里，生长着一种十分奇特的植物，它们的花朵号称“世界第一大花”，拥有“花王”的称号。这种神奇的植物就是——大王花。

## 独特的生活方式

大王花的花朵是红色的，花瓣肥厚，上面布满突起的斑点。大王花无茎也无叶，终生寄生在别的植物身上，靠吸取寄主植物的营养生存。它们虽然能开出最大的花朵，但是花期只有 4 天 ~ 5 天。

## 都是为了生存

大王花的花朵巨大，直径有1米左右。花开之后，大王花会释放出粪便一样的臭味，以此吸引逐臭的昆虫，让它们为大王花传播花粉。大王花凋谢之后，就会化成一堆腐烂的黑色物质。

## 独特的种子

大王花的种子很小，用肉眼几乎无法看清。大王花不用为种子的传播费心，因为它们的种子带黏性，当一些动物踩到种子时，它们就会被带到别的地方生根、发芽。

臭中极品：

# 尸臭魔芋

小档案

尸臭魔芋生长在印度尼西亚苏门答腊热带雨林。它们的体形巨大，花朵生长在一个巨大的花序中。这个花序可高达3米，是世界上最大的花序。

## 臭臭的花朵

尸臭魔芋的花朵硕大，颜色艳丽，但是会散发出一股浓烈的尸臭味，而且气味能扩散到周围几百米远，令一些动物敬而远之。不过，正是这种臭味，才能够吸引像苍蝇这类喜欢腐尸的昆虫为它们传播花粉。

# 第二章

# 长相奇特的植物

经过亿万年的进化演变，地球上出现、生长过数量庞大的植物种群。在进化过程中，大自然创造了很多外形奇特的植物，真是匪夷所思！

# 带刺的球：仙人球

## 小档案

仙人球的故乡在南美洲的沙漠，它们喜欢干燥的环境，害怕寒冷。因此，在炎热的夏天，仙人球才能迅速生长，同时开出漂亮的花朵。

## 家中常客

为避免水分流失，到了晚上，仙人球会打开气孔，通过白天存储的能量来完成光合作用，释放出氧气。因此，如果家里有仙人球，就有利于人们的睡眠。此外，仙人球容易存活，所以它成为了常见的盆景植物。

## 长刺的球

仙人球的名字来源于球形或椭圆形的茎。它们的茎是绿色的，上面有很多棱，棱上长满了像针一样的刺。这些刺呈黄绿色，长短不一。仙人球的花生长在刺丛中，像一个个小喇叭，它们有银白色的，也有粉红色的。

## 为什么会长刺

仙人球身上的尖刺其实是叶子。因为生活在干旱的环境里，仙人球不得不改变形态——根向下生长，以便找到更多的水；茎长得很大，为了贮存水分；叶子变成刺状，为了减少蒸发面积。因此，仙人球的长相都很奇特。

花似叶叶生花：

# 七叶一枝花

**小档案**

“七叶一枝花”这个名字形象地描绘了它的形态。七叶一枝花是一味传统的中草药，有清热解毒、消肿止痛的功效。在不丹、尼泊尔以及中国的台湾、云南、贵州等地都有它的踪影。

**解蛇毒**

如果不小心被蛇咬了，可以试试找七叶一枝花解毒。它对一些蛇毒造成的伤害有疗效，因此，人们又送给它一个特别的名字——蚤休，意思就是蛇碰到它也无可奈何，只能望而却步。

## 金盘托荔枝

七叶一枝花又叫“金盘托荔枝”。这是因为它有6片～8片像叶子的绿色花萼，伸展开来像一个果盘。秋季时，“果盘”中心会结出一堆红色的小果实。远远看去，整个儿就像一盘荔枝。

## 鲜红的果实

七叶一枝花的果实色泽鲜红，颗颗饱满，像一个个穿着红外衣的小胖墩。几场秋雨过后，小胖墩就开始疯狂地成长，不安分地想要看一看外面的世界。终于，它们勇敢地舍弃了花萼的保护，打开大门，随着风儿和路过的动物迁到远方。

# 向往炽烈的阳光：鸡冠花

## 小档案

鸡冠花是一年草本植物，夏秋时开花，花多为红色，呈鸡冠状，故称鸡冠花。鸡冠花原产于非洲、美洲的热带地区。现在，它被传播到世界各地，成为庭园中常见的植物。

## 性喜阳

鸡冠花喜欢阳光充足、湿热的地方。在盛夏时节，无论天气多么炎热，它们都笔直地向着天空生长，绽放出大朵艳丽的花朵。阳光越是热烈，它们开出的花朵就越艳丽。

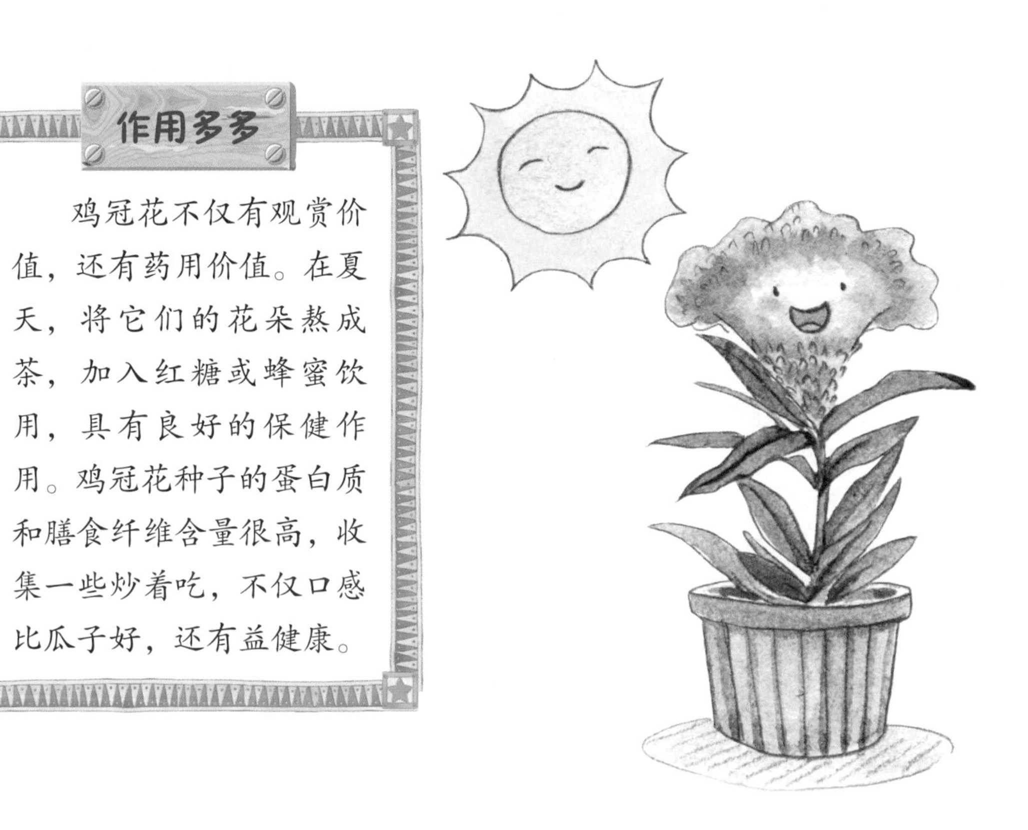

## 作用多多

鸡冠花不仅有观赏价值，还有药用价值。在夏天，将它们的花朵熬成茶，加入红糖或蜂蜜饮用，具有良好的保健作用。鸡冠花种子的蛋白质和膳食纤维含量很高，收集一些炒着吃，不仅口感比瓜子好，还有益健康。

## 有趣传说

明朝时，皇上让解缙以“鸡冠花”为题作诗一首。解缙脱口便出：“鸡冠本是胭脂染……”还未说完，皇上就拿出一朵白色的鸡冠花，说：“这朵是白的。”解缙灵机一动，接着吟道：“今日如何浅淡妆？只为五更贪报晓，至今戴却满头霜。”这让皇上哑口无言。

小档案

荷包牡丹是多年生草本植物，株高30厘米~60厘米，地上茎直立，带紫红色。它喜欢散射光充足的半阴环境，比较耐寒，原产地是中国、西伯利亚和日本。

## 别样荷包：荷包牡丹

### 不像牡丹的牡丹

荷包牡丹的名字中虽然有“牡丹”两字，但很难让人把它和牡丹联系在一起。和常见的雍容华贵的牡丹相比，荷包牡丹是那么朴素。但是，它玲珑的姿态和特别的花形也是很受人们关注和喜爱的。

## 俏丽的外形

荷包牡丹的花朵像一排小铃铛似的挂在枝条上，花蕊倒垂。花朵外面的2片花瓣大多呈粉红色，还会膨胀起来，像小荷包一样。花朵里面的2片花瓣略长些，从“荷包”口伸出来，有点像兔子耳朵，所以荷包牡丹也叫“兔儿牡丹”。

## 早开迟谢

如果只是看叶子的形状，很难将荷包牡丹与牡丹区分开来。虽然它的花朵小、名气小，但它是开得最早、凋谢得最晚的花，整个春天都在怒放，花期远远超过了牡丹。

## 小档案

毛蟹爪兰生长在热带雨林中，形态十分奇特。它体色鲜绿，茎有很多分枝，分枝呈倒卵形或长椭圆形，数节连贯，像极了蟹爪，它也因此而得名。

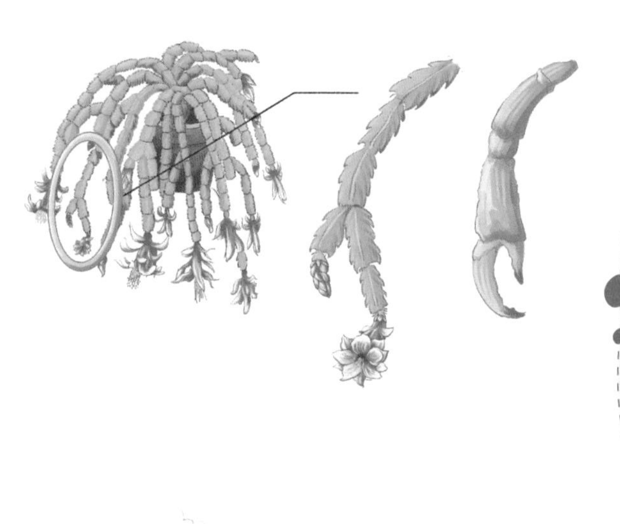

## 巴西国花

毛蟹爪兰的花朵俊艳，颜色丰富，有白、红、紫等颜色，周身散发着谦和的气息，给人一种高瞻远瞩的姿态，所以巴西人民将毛蟹爪兰选为国花，象征着他们坚毅刚强的品格和不畏困难的勇气。

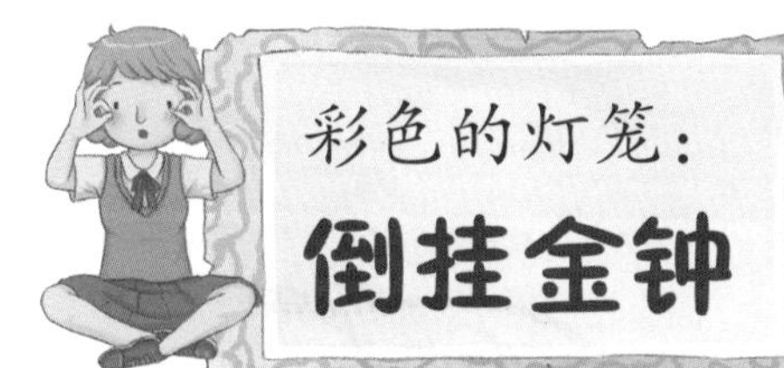

# 彩色的灯笼：倒挂金钟

**小档案**

倒挂金钟是多年生灌木，可以存活很多年。它们开花时，垂花朵朵，朝向大地，像是悬挂着的彩色灯笼，特别漂亮。

**观赏佳品**

因为倒挂金钟的花朵漂亮，又容易养，所以经常被用来点缀客厅、阳台。它们的老家在秘鲁、智利、墨西哥等美洲国家。不过通过人们的培育，现在全世界都可以看到它们了。

## 花中娇女

倒挂金钟喜欢温和、凉爽且湿润的环境，既害怕强烈的阳光和炎热的天气，也害怕严寒和干燥，最喜欢的温度是10℃～15℃。所以，它们被人们称为“花中娇女”。

## 绝美的容颜

倒挂金钟姿态婆娑，花体玲珑。它们的叶子呈卵形，有4片花萼，花瓣一般有白、粉红、橘黄、玫瑰紫等多种颜色。

它们的家族中有一种特别的品种——重瓣倒挂金钟，一朵花的花瓣有10多片，颜色也更丰富，一般一朵花可以渐变出两种颜色，如“红罩白”“白罩紫”等。

# 第三章

# 神奇个性的植物

在植物的王国里，除了那些我们经常听到和见到的植物外，还有很多独特的植物，它们有着自己的个性和价值，展示了植物界最为奇特的一面。

## 死而复生：九死还魂草

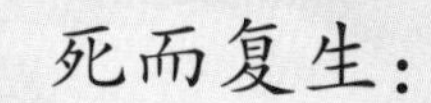

**小档案**

听到九死还魂草的名字，你是不是想起了武侠片中的救命神药？其实，它的学名叫卷柏。之所以叫“九死还魂草”，是因为它能“死而复生”。

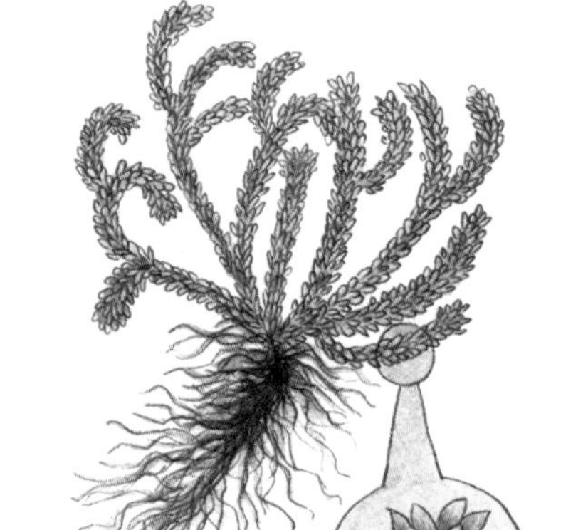

**生存绝技**

九死还魂草喜欢生长在人迹罕至的峭壁上、沼泽畔、荆棘丛中。它生存的绝技是“有水则生，无水则死”。但是此处的“死”并不是真正的死亡，遇水之后，它又会活过来。

## 复苏植物

科学家把像九死还魂草这样的植物称为“复苏植物”。在水分充足时，它会舒展枝叶，吸收水分；缺水之时，它就将枝叶蜷曲抱成一团，像枯死了一样，把根从土壤里脱离出来，然后随风飘走。遇水之后，再度“醒”来。

## 药用价值

《滇南本草》称九死还魂草为“回阳草”，《本草纲目》称它为“长生草”。九死还魂草有止血、收敛的功效，因此人们常常将它烧成灰，内服治疗各种出血症，外用治疗各种刀伤。它对咽喉炎、哮喘、咳嗽以及骨质增生等疾病也有疗效。

# 百变女王：王莲

## 小档案

王莲号称“百变女王”，原产于南美热带地区。它拥有巨型奇特像盘子一样的叶片，它们大片大片地浮在水面，十分壮观。这是不是有王者的风范呢？

## 百变女王

在植物园中，王莲是夏日的焦点，叶片有长达半年的观赏期；花朵更吸引人，因为它们又大又漂亮，而且“花开三变”，即开花时，花朵会经历三种变化，所以人们称王莲为“百变女王”。

## 神奇的叶子

王莲最值得称道的是那硕大的叶子。叶子的直径可达2米，叶面和叶脉中有很多大的空腔，里面充满了空气，粗壮的叶脉隆起，纵横交错，增强了叶子的负载能力。因此，王莲的叶子能托起一个体重30千克的小孩。

## 花开三变

王莲的花朵十分庞大，一般可以盛开三天。从第一天傍晚花朵初开到第二天中午合拢，它的花朵是白色的；第二天傍晚，它会再次开放，到第三天中午又会合拢，这期间花朵已经变成粉红色或紫红色的了；第三天，颜色较深的花朵会在中午之前凋谢并沉入水底。

# 娇羞的少女：含羞草

## 小档案

含羞草生来就是一副弱不禁风的模样，茎叶细细的，整体像柔弱的少女。它们的花朵都是可爱的粉红色，细细的花瓣簇拥着，形成了一个个毛茸茸的花球，看上去像女孩子娇羞的脸。

## 娇羞的少女

含羞草原产于热带美洲，现已广泛分布在世界热带地区。如果有人触碰到含羞草，它们那排列整齐的小叶子就会迅速合拢，叶柄也会羞答答地垂下来，像一位害羞的小女孩捂着绯红的脸颊低下头。

## 害羞只为生存

含羞草的叶子纤细，形状像羽毛，对称排列在叶脉两侧。叶子是含羞草的感应器，如果受到刺激，叶子就会立即往叶脉处合拢，好像腼腆的少女害羞地掩上窗户。这其实是含羞草适应环境的生存技能。

## 害羞之谜

在含羞草叶子和叶脉的底部，有一个叫做叶枕的“水袋子”，里面充满了水分，所以叶片就会张开，叶柄也会挺立。当人们触碰叶片时，灵敏的叶枕做出反应，水分迅速流失，无法支撑叶片和叶柄，因此，它们就有了“害羞”的表现。不过，如果你一直逗弄，它们就不会有反应了。

# 喜爱爬墙：爬山虎

## 绿色的帘

在背光的墙壁上，你一定看到过爬山虎的身影。爬山虎喜欢攀附在墙壁上生长，生长速度很快，用不了多久便会爬满整面墙壁，像是给墙壁挂上了一张绿色的帘。

## 小档案

爬山虎是多年生大型落叶木质藤本植物，藤茎可长达 18 米。在夏天的时候，爬山虎还会开出小小的花朵，它们一般用于绿化房屋墙壁、公园山石。

## 变装高手

一年中，爬山虎会变换好几次色彩。春天，它们的嫩绿叶子会带有一点淡红色；夏天，它们的叶片是翠绿色的；到了秋天，它们会换上深红色的叶片，以等待冬天的到来。

## 爬墙之谜

爬山虎的茎上长出叶柄的地方，背后生长着一些像胡须的小触手，这些小触手末端有芝麻大小的吸盘。

小触手刚长出来时和嫩叶一样是淡红色，接触到墙壁后就会变成灰白色，小吸盘紧紧地吸附在墙壁上，不使点力气还不容易将爬山虎从墙壁上拽下来。人们根据它们的这一特点，发明了能吸在玻璃上的真空吸盘。

抢地盘最拿手：

# 水葫芦

## 吸收污染物

水葫芦可以吸收各种污染物质，并且吸收能力超强！不足的是，它仅仅只是将污染物收集起来，不能分解。因此，它的叶片腐烂后沉入水底后，会形成重金属高含量层，这会直接杀害水底的生物。

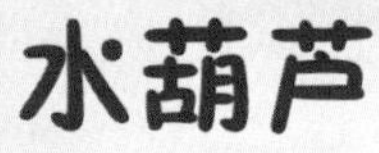

### 小档案

说起水浮莲，恐怕人们还不熟悉，但“水葫芦”肯定知道，因为这个小名很形象——它的根与叶之间长着一个葫芦一样的气泡，它能帮水葫芦浮在水面上。

## 抢地盘的高手

水葫芦叶质肥厚，几乎不用施肥，因此被人用作饲料。它的生命力顽强，对生存环境没有要求；它的耐毒性、耐药性都极强，就算在污水中,也能生长良好。一不留意，整个水面都是水葫芦的地盘了。

## 要小心我

如果水葫芦大量繁殖，就会在水面挡住阳光并且消耗大量的氧，导致水下植物因为缺少光照和氧气而死亡。同时，船只也不能在布满水葫芦的水面航行，这就对我们的生活造成了影响。

# 湿地红霞：红树

## 胎生植物

一般植物的种子成熟以后，就会脱离母树，在适宜的环境下萌发成幼小的植株。但胎生植物不一样，它们的种子成熟以后，不会脱离母树，而是直接在果实里发芽，吸取母树里的养料，长成一棵胎苗，然后再脱离母树独立生活。

## 小档案

红树是著名的胎生植物，它们成片地生长在海边。涨潮时，海水将它们淹没；潮落时，绿色的海滩森林就出现了。

## 红红的红树

人们在砍伐红树时，会发现它们那裸露的树干是红色的，被刀斧砍过的地方也是红色的。于是，人们利用红树来制作红色染料。

## 生宝宝的树

红树每年开两次花，春秋各一次。一棵红树花谢以后，能结出300多个果实。果实细而长，每个果实中含有一粒种子。当果实成熟后，里面的种子就开始萌芽，从红树体内吸取养料，长成幼苗。幼苗长到约30厘米时，才会离开红树。这是因为海边滩涂泥土松软，海水容易把种子冲走，只有这种方式才能保证红树的繁衍。

# 醉人的果实：
# 槟榔

## 小档案

槟榔树和椰子树很像，都是笔直的树干，顶上有一簇叶子，但槟榔树的树干要小点。槟榔树生长在热带地区，如中国的海南、台湾等。

## 受人喜爱

说到槟榔，可能大家首先想到的就是槟榔果。的确，槟榔果因为特有的清香和调理肠胃的功效，自古就被人们嚼食。现在，人们把槟榔果加入特殊调料做成干果，得到了更多人的喜爱。

## 热带地区的宠儿

台湾的气候温暖，非常适合槟榔的生长，一年四季都能结出槟榔果。20 世纪五六十年代，槟榔作为经济作物在台湾被大力推广种植。因此，台湾人很喜欢嚼槟榔果。

## 醉人的果实

咀嚼槟榔能够生津发热，所以疲乏之际，可以嚼槟榔提神。海南人、台湾人吃槟榔，一般是吃新鲜的果实，他们用小刀切去果子的首尾，将少许特制的“白泥膏”平摊在槟榔叶上，再将槟榔果包起来放入口中。中国其他地方的人吃的槟榔果，大多是经过晒干、腌制等工序加工出来的“榔玉”，味道更甜更好吃。

# 植物活化石：桫椤

## 植物活化石

桫椤是已发现的唯一木本蕨类植物，极其珍贵，堪称国宝，被众多国家列为一级保护的濒危植物，有“活化石”之称。桫椤的繁殖方式和蕨类植物一样，是靠藏在叶片背面的孢子繁衍后代。

## 小档案

桫椤高大挺拔，和树很像，其实它属于蕨类，跟那些生长在墙角的个子小小的蕨是同类。桫椤的茎直立中空，叶子螺旋状地排列在茎的顶端。

## 第四章

# 独树一帜的植物

植物是自然界不可缺少的一部分，与我们的生活息息相关。有些植物独树一帜，有的甚至含有毒物质，如果不慎接触到，就有可能对身体产生危害。

# 断人肝肠：断肠草

## 小档案

断肠草的名字很恐怖，它的学名是钩吻。在很多文学作品中，断肠草都是作为剧毒植物出现的。实际上，它也的确如此，大家在野外看到它时千万要注意。

## 生活习性

断肠草是常绿木质藤本植物，长 3 米 ~ 12 米，植株光滑无绒毛。叶子呈卵形、卵状长圆形，顶端渐尖。它的花朵小而密集，是鲜艳的黄色。断肠草广泛分布在中国及东南亚地区。

## 名称的由来

断肠草含有一种叫作“钩吻碱”的剧毒物质。如果有人误食，就会导致肠道粘连，也就是俗语所说的“断肠”。

## 危险的中药

中国古代很多医书都记载断肠草是剧毒草药，相传尝尽百草的神农氏就是因为误食断肠草而死亡。它虽然有剧毒，但是如果善加利用，对治疗疥癣、湿疹、麻风等疾病有很好的效果。

## 千万别小看它

虽然见血封喉跟一般的树木看起来没有什么区别，但是你千万不要轻视它。从它的名字就可以想象它具有多大的毒性。在中国，见血封喉的数量稀少，是国家三级保护植物。

见血封喉又叫箭毒木，它有着粗壮挺拔的树干，树枝上长满了青翠的树叶，郁郁葱葱。它多生长在海拔1500米以下的雨林中，分布在印度、斯里兰卡、缅甸以及中国的部分地区。

## 可怕的“毒王”

见血封喉的树汁含有剧毒。树汁如果从伤口进入人体，就会引起人体血液凝固、心跳减缓，最后死亡。如果树汁溅到眼睛里，可能会致人失明。猎人用见血封喉的树汁制作毒箭，能够取得意想不到的效果。

## “毒王”的价值

虽然见血封喉很毒，但是价值很大。现在，人们提取树汁中的有效成分，用来治疗高血压、心脏病等疾病。此外，它的树皮还能用来制作舒适耐用的纺织品，例如毯子、褥垫、衣服和筒裙等。不过，见血封喉是国家保护植物，你们可别想随意砍伐它们！

# 神秘的毒精灵：曼陀罗

## 小档案

曼陀罗是直立木质一年生草本植物，植株高0.5米～1.5米。它的茎比较粗壮，呈淡绿色或淡紫色，叶子互生；花朵鲜艳美丽，有红色、白色、紫色等。

## 美丽的毒物

曼陀罗的花朵美丽漂亮，蕴含毒素，花语大多都是消极的，比如紫色曼陀罗的花语是恐怖，蓝色曼陀罗的花语是爱情欺骗，黑色曼陀罗则代表不可预知的黑暗、死亡和颠沛流离的爱。

## 奇特的花朵

曼陀罗的花瓣是以中心的花蕊为圆心，向外层围绕生长而成的。最外面的几片花瓣会沿着圆形的弧线向外张开，远看像风车，又像旋转着的雨伞，非常特别。这种形状很像佛教中的宇宙，而佛教把宇宙称为“曼陀罗”，“曼陀罗”之名由此得来。

## 又是毒又是药

曼陀罗全身有毒，其中种子的毒性最大，误食会产生中毒反应，严重的话会致人死亡。

不过，曼陀罗又是一味良药，有止喘定痛、去风湿等疗效。此外，曼陀罗的花还有麻醉作用，是“麻沸散”的原料之一。

# 从良药到毒品：罂粟

## 小档案

罂粟是一年生草本植物，植株高约1米，花蕾卵球形，有长梗，未开放时下垂，花朵颜色鲜艳亮丽。罂粟原产于地中海东部山区、埃及、伊朗等地。

## 大价值

罂粟的花朵硕大，颜色鲜艳，重瓣的栽培品种是庭园观赏植物。罂粟还能提取出吗啡、可待因、罂粟碱等多种生物碱，加工入药，有止咳、止痛和催眠等功效，它们的种子也可用来榨油。

## 悠久的历史

5000多年前，苏美尔人虔诚地称罂粟为“快乐植物”，认为罂粟是神灵的赏赐。古埃及人也曾把它们当作治疗婴儿夜哭症的灵药。诗人荷马称它们为“忘忧草”，古罗马诗人维吉尔也称它们为“催眠药”。

## 沦为毒品

19世纪，人们发现可以用罂粟提炼出一种让人产生幻觉的依赖性的物质，也就是鸦片。于是，无数人沦陷在鸦片制造的美丽陷阱中，最终导致他们家破人亡。因此，很多国家都明令禁止种植罂粟。

## 药用价值

早在千万年前，大麻就开始为人类做贡献了。大麻的韧皮纤维可以被做成舒适耐穿的衣裳，还可以为人类治疗头痛，减轻痛苦。但如果长期使用大麻，就会让人产生依赖，还会导致精神错乱、人格扭曲。

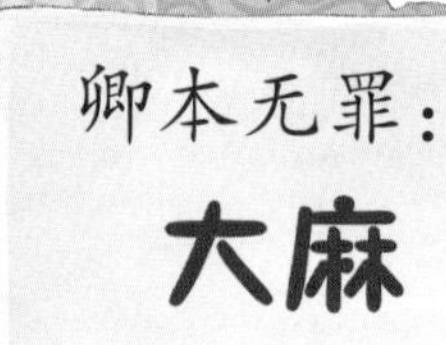

## 小档案

大麻是一年生直立草本植物，高 1 米 ~ 3 米，叶子是掌状并且全部裂开，裂片呈披针形。大麻原产于锡金、不丹、印度和中亚细亚，现各国均有野生或栽培。

## 绝好的纺织材料

大麻是最早用作纺织的原材料之一，被用来做成服装、绳索、船帆、油脂等。特别是用大麻做成的绳索，非常耐磨，且可以承受巨大的拉力；现在人们改善了大麻的纤维细度，使大麻纺织品更加舒适了。

## 吸食成瘾

少量吸食由大麻制成的药物，可以让人产生轻微的安定感和惬意感。但是如果长期吸食，便会产生依赖，让人不知不觉增大吸食剂量以维持这种舒适感。然后，随之而来的是不安和抑郁，甚至是死亡。

## 小档案

古柯的故乡在遥远的南美洲，它是一种灌木或小灌木，树皮是褐色的，叶子是椭圆形的，还能开出黄白色的小花。

## 绿色的金子

在南美洲，人们嚼食古柯已经有几千年的历史了。嚼食古柯叶可以让人产生轻度的兴奋感，起到增加体力、缓解饥饿的作用，这是因为古柯的叶子含有可卡因，能麻痹神经，让人暂时忘却痛苦和疲劳。所以，人们又叫古柯为“圣草”和“绿色的金子”。

## 提神的作用

古柯的叶子有点苦，其中含有大量的热量，人们咀嚼食用之后能瞬间补充能量，再加上可卡因的麻醉作用，因此具有很强的提神作用。

## 滥用成毒

欧洲原本用古柯制作治疗气喘和戒除吗啡毒瘾的药物，但自从人们用古柯提炼出纯度较高的可卡因之后，古柯就成为了人人避之不及的毒品了，原来“圣草”的美誉彻底消失了。

# 忘忧草：薄荷

## 小档案

薄荷又叫银丹草，它喜欢生活在山野湿地以及小河旁边，是一种有特种经济价值的芳香作物。薄荷的叶子对生，能开出淡紫色的小花，结出暗紫棕色的小粒果。

## 忘忧草

薄荷的适应能力很强，广泛分布于北半球的温带地区，中国各地均有分布，江苏、安徽是传统的栽培区。虽然薄荷的花和叶比较小，但它的全身都散发出一股沁人心脾的清凉香味，让人闻之忘忧。

## 充满希望的植物

薄荷是一种充满希望的植物，它虽然平凡，但是其味道沁人心脾，能让人感觉每一个细胞都被激活。当你情绪烦乱时，只要摘取几片薄荷叶，沏上一杯薄荷茶，就能平静下来。

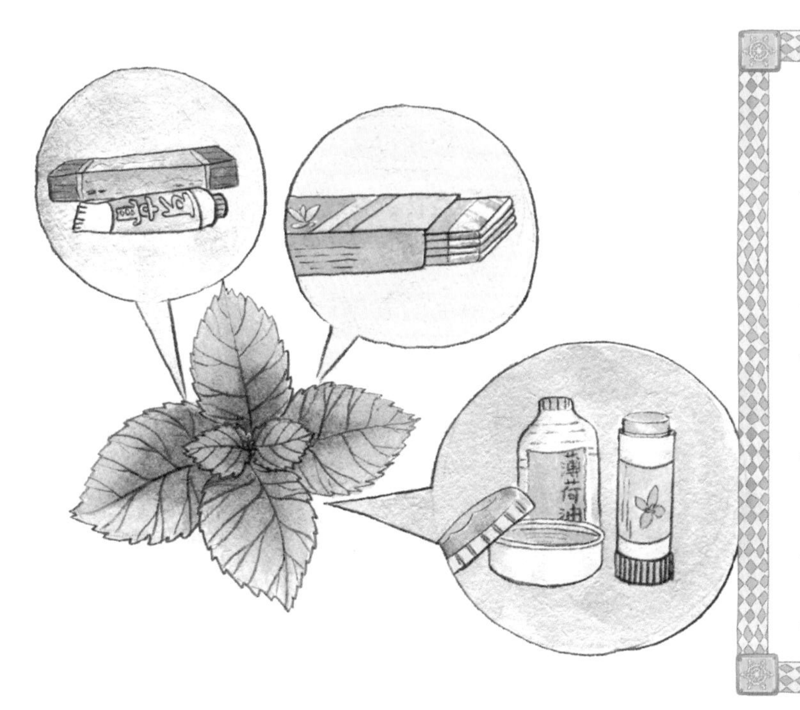


## 薄荷脑

薄荷含有薄荷脑和薄荷油，它们属性清凉，又带有一丝辛辣，所以薄荷被广泛用于生活用品、食品和药物，如牙膏、口香糖的清凉，就是因为里面有薄荷脑。

## 记忆的香草

迷迭香一直被视为可增强记忆的药草。它的叶子带有淡淡的松香，略有茶味，因此被当作香料和调料在使用。因此，西餐的牛排、土豆等食物经常能看见迷迭香的身影。

此外，人们还认为迷迭香有纪念的意思，象征忠贞不渝的爱情、天长地久的友谊和永远的怀念。

**小档案**

迷迭香看起来不起眼，细细的茎，叶子像弯曲的松针，淡蓝色的小花藏在叶片下，像小水滴般，所以它的名字在拉丁文中是“海之朝露”的意思。

# 第五章

# 一花一国家

自古以来，鲜花与人类的关系就非常密切，很多鲜花具有很强的象征意义，它能够代表和象征一个国家的精神。那么，这种鲜花就会被某个国家定为国花，代表着这个国家的文化。

# 韩国国花：木槿花

**小档案**

木槿花也叫无穷花、无极花，是著名的绿篱植物。木槿花性格坚韧，生命力顽强，花期特别长，深受韩国人民的喜爱。因此，它被韩国人民选为国花，作为坚韧和美丽永存的象征。

**国花**

木槿花不仅是韩国的国花，还是马来西亚的国花。

## 温柔的坚持

木槿花的花语是“温柔的坚持”，它朝开夕落，每一次凋谢都是为了下一次更绚烂地开放，就像爱一个人，需要温柔的坚持。同时，木槿花的花语还有“坚韧和美丽永存”的意思。木槿花的生命力极强，既象征着韩国人民历尽磨难而矢志弥坚的性格，也代表着他们念旧、重情义的态度。

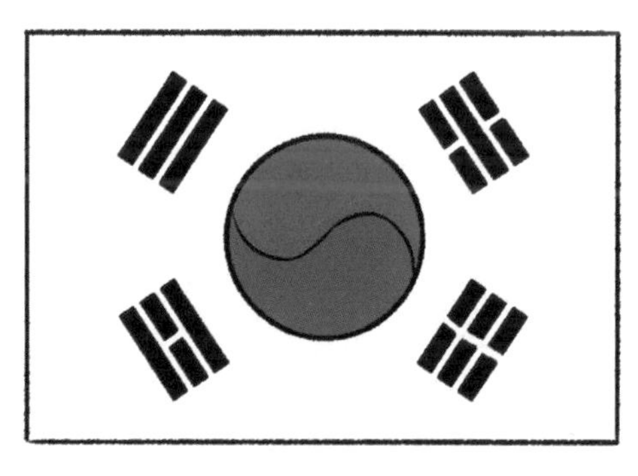

韩国国旗

## 韩国的象征

韩国人习惯称木槿花为“无穷花”，是韩国的象征，在韩国国旗旗杆顶端就用木槿花加以装饰，韩国的国徽更是以木槿花为主体，这象征着韩国世世代代、生生不息的民族精神。

韩国国徽

# 日本国花：樱花

## 小档案

樱花的花朵非常漂亮，颜色以白色、粉红色为主。樱花与日本渊源很深，日本人认为它象征着日本武士道绚烂而短暂的美学精神，樱花凋落时不污染、很干脆的精神也被尊为日本精神。

## 樱花之国

日本被称为“樱花之国”。春天时节，从三月初的九州开始，直到五月中旬的北海道为止，樱花组成了一道由南向北的风景线。樱花的花期不长，盛开的时间为10天左右，花朵就如一片粉色的云彩飘荡在日本的国土上。

## 樱花祭

日本政府把每年的3月15日～4月15日定为“樱花祭”。每到这时，亲朋好友都会围在樱花树下，赏花、喝酒、谈笑。无论是认识还是不认识的人，都会互相打招呼。与其说他们是在赏花，不如说是让大家有了一个真正的“家庭日”和“友谊日”。

## 关于樱花的传说

相传，日本有位名叫“木花开耶姬”（意为樱花）的仙女。有一年11月，这位仙女从日本冲绳出发，途经九州、关西、关东等地，在第二年5月到达北海道。沿途，她将一种象征爱情与希望的花朵撒遍每一个角落。后来为了纪念这位仙女，人们将这种花用仙女的名字来命名——樱花。

## 向阳之花

向日葵又叫太阳花，因为它的花盘能随着太阳移动而转动。

向日葵是向往光明的花，也是为人们带来美好希望的花。它全身是宝，把自己无私地奉献给人类。这就是它成为俄罗斯国花的原因。向日葵的花语是：光明、希望与忠诚。

# 俄罗斯国花：向日葵

## 小档案

向日葵植株高1米～3.5米，枝干粗壮，花朵明艳大方。俄罗斯人民非常喜欢它，并将它定为国花。

## 向阳的秘密

俗话说“葵花朵朵向太阳”，可是向日葵为什么老是跟着太阳转呢？早在19世纪，英国博物学家达尔文就发现，向日葵顶部的茎叶都向着有太阳的一侧伸展，他认为向日葵的植株里一定有一种物质在起作用。1933年，植物学家研究后认为，这种特殊的物质正是植物的生长素。

## 美丽传说

古代有一位农夫的女儿名叫索菲亚，她憨厚老实，但长得俊俏，因此被继母视为眼中钉，受到百般凌辱和虐待。一次，索菲亚因一件小事惹怒了继母。继母趁索菲亚熟睡之际挖掉了她的眼珠。索菲亚疼痛难忍，破门出逃，不久后就离开了人世。死后，她的坟头长出了一株鲜艳的黄花，终日面向阳光，这株黄花就是向日葵。

# 德国国花：矢车菊

**小档案**

矢车菊的故乡在欧洲，原本是一种野生花卉，经过人们多年的培育，它的花朵变大了，种类、颜色变多了，有紫、蓝、浅红、白色等品种，其中紫色和蓝色最名贵。

在德国的山坡、田野、水畔、路边、房前屋后到处生长着矢车菊。矢车菊以清丽的色彩、美丽的花形、芬芳的气息、顽强的生命力获得了德国人民的赞美和喜爱，因此被奉为国花。

## 德国人民的象征

矢车菊在夏季开花，花儿宛若一个个俊秀的少女，散发出阵阵清幽的香气。矢车菊象征着乐观、顽强、俭朴的品格，它的花能启示人们小心谨慎、虚心学习，而这正是德国人民虚心、谨慎、谦和的写照。

## 美丽传说

传说在一次战争中，德国皇后带着小王子逃离首都柏林。在逃难途中，他们乘坐的车子坏了。在路边等待时，他们发现了大片盛开的矢车菊，皇后用矢车菊花编织了一个花环，戴在小王子的头上。不久后，王子成为了德国皇帝，可他总是忘不了那一片矢车菊，忘不了母亲给他做的矢车菊花环，认为矢车菊是给他带来幸运吉祥的花。后来，矢车菊被定为德国的国花。

# 墨西哥国花：仙人掌

## 小档案

仙人掌广为人们熟知，如果你因为好奇而去触碰它，你很可能被刺伤。仙人掌是一种非常坚强刚毅的植物，它的家族成员有很多，有两千多种，大部分生长在墨西哥，所以墨西哥也有“仙人掌之国”之称，墨西哥人将仙人掌定为国花。

## 顽强的生命力

最初之时，仙人掌是有叶子的，但随着生活环境越来越干旱，它的叶子都转化成了白色的小刺，身上也长出一种蜡质的保护层，这大大减少了水分的流失。在干旱季节，仙人掌可以不吃不喝进入休眠状态，将体内养料和水分的消耗降到最低。

## 沙漠英雄花

仙人掌全身带刺，具有顽强的生命力和坚韧的性格，无论在有水还是无水、天热还是天冷等百变的环境下，都能开出鲜艳、美丽的花朵。

墨西哥人认为仙人掌象征着他们坚强、勇敢、无畏、不屈的精神，每年8月的中旬，他们都会举办仙人掌节。

# 荷兰国花：
# 郁金香

## 小档案

提起荷兰，除了那里的风车能给人留下深刻的记忆外，就不能不提到郁金香了。郁金香原产于东亚土耳其，别名洋荷花，自16世纪被引入荷兰后，掀起了一股流行风暴。荷兰人认为它是所有花卉中最美丽的一种，因此将其作为国花。

### 国花

郁金香不仅是荷兰的国花，还是土耳其的国花。

## 魔幻之花

郁金香的品种繁多、花形多样、色彩艳丽，以红、紫、黄色的品种最受人们欢迎。其中，黑色的花朵被视为稀世奇珍，有的人竟愿用一座酒坊去换取几粒种球，所以它被欧洲人称为“魔幻之花”。在荷兰，人们认为郁金香象征美好、华贵和成功，将它和风车、奶酪、木屐并称为“四大国宝”。

## 浪漫传说

传说，三位勇士同时爱上了一个美丽的少女。他们向少女求婚，分别献上了王冠、宝剑和黄金。少女不忍心伤害他们，于是求助于花神，花神将她变成郁金香。于是，欧洲就有了郁金香花朵象征王冠、叶片象征宝剑、球根象征黄金的说法。

## 国花之选

玫瑰花形漂亮，颜色众多，深受人们的喜爱，英国、美国、保加利亚都把它当作国花。其中，保加利亚是誉满天下的“玫瑰之国”，那里的人们认为玫瑰象征着他们的勤劳和智慧。每年六月的第一个星期日他们都会到玫瑰谷举行盛大的玫瑰节。

保加利亚国花：

**玫瑰**

### 小档案

论起鲜花的名声，玫瑰可是数一数二的。玫瑰是直立的灌木，植株可高2米，它的枝条上还有尖刺。玫瑰分布广泛，在世界各国都有它的身影。

## 寄托的情怀

美国人认为玫瑰是爱情、和平、友谊、勇气和献身精神的化身。不少人认为红色的玫瑰象征着爱和勇气，淡粉色的玫瑰传递着赞同或赞美的信息，粉色的玫瑰代表优雅和高贵的风度，深粉色玫瑰表示感谢，白色玫瑰象征着纯洁，黄色玫瑰则象征喜庆和快乐。

## 玫瑰传说

相传爱神为了救她的情人，跑得太匆忙，以致让玫瑰的刺划破了自己的手脚，爱神流的鲜血染红了玫瑰花，于是红玫瑰便成为爱情的信物。因为玫瑰茎上有刺，所以玫瑰又透着神圣和庄严的意蕴。

# 智利国花：百合

## 小档案

百合是多年生草本植物，植株高1米左右。百合的花朵较大，多数是白色，呈漏斗形，单生于茎顶。它们主要分布在亚洲东部、欧洲等温带地区。百合代表着祝福、心想事成等。

## 纯洁的象征

百合高雅纯洁，有“云裳仙子”的美称，而圣母玛利亚在基督教中也是清纯的象征，所以基督教信徒便把百合看作是圣母玛利亚的象征。在基督教信徒比较多的国家，比如智利、梵蒂冈等国，人们就把百合当作国花。

百合蕴含着“百年好合”的意思，在中国的婚礼上是必不可少的吉祥花卉。

### 美丽传说

据说，以前百合在智利只有蓝、白两种颜色。后来，西班牙殖民者入侵智利，当地人民在仲塔罗的领导下，把入侵者打得落花流水。但后来有人出卖了仲塔罗，仲塔罗和部下误中埋伏，全部壮烈牺牲。第二年，在爱国志士捐躯的地方，漫山遍野绽开了红艳艳的百合——戈比爱。人们认为这是烈士用鲜血浇灌而成的，因此智利人民将“戈比爱”定为国花。

# 埃及国花：
# 睡莲

## 小档案

睡莲是埃及的国花，是生长在水中的美丽俏公主。当睡莲开放时，一朵朵粉色、白色或红色的花儿立于水面或藏在宽大的叶子中，十分美丽。睡莲代表着纯洁高贵、纤尘不染等。

## 与荷花的区别

荷花的花和叶都高离水面，睡莲的花和叶多半浮在水面上，显得娇柔妩媚，或者抬离水面一点点而贴近水面。另外，荷花的莲蓬、莲子和莲藕都可以食用，但睡莲只有花朵可以被利用。

## 文化意蕴深厚

睡莲经常被人们当作宗教和哲学的象征植物，它曾有过神圣、纯洁、高雅等寓意。古埃及人把睡莲视为神圣的太阳，古埃及王朝的加冕仪式，民间的雕刻艺术与壁画，几乎都用睡莲作装饰。

## 深受欢迎

人们喜爱睡莲，喜爱它的美丽和芬芳。炎炎夏日，清风徐来，碧波荡漾，睡莲轻舞着花叶，姿态妩媚，好似凌波仙子。这场景赏心悦目，令人顿感心旷神怡，人们不禁会联想起“凌波不过横塘路，但目送，芳尘去”的美妙诗句。

## 绿色的帘

在西班牙五十多万平方千米的土地上，不论是高原山地、市镇乡村，还是房前屋后、滨海公园，到处可以看到石榴的身影。西班牙人把石榴看成是富贵吉祥的象征，还把石榴花绘在国徽上。

## 小档案

石榴在夏季开花，花朵灿若朝霞，绚烂至极。花开过后，等到秋季，红红的果实又挂满了枝头。石榴代表着富贵美丽、兴盛红火、子孙满堂。

## 兴旺多子的祝福

据说，汉代张骞将石榴带入中国。石榴果实成熟后，外皮呈鲜红或粉红色，常会裂开，露出晶莹如宝石般的果肉。人们借石榴花开树树红火，意喻日子过得红红火火；借石榴果实籽多饱满，祝愿家族兴旺昌盛。

## 盆栽植物

石榴树姿优美，枝叶繁茂。初春时，嫩叶抽绿，婀娜多姿；盛夏时，繁花似锦，色彩鲜艳；秋季时，果实累累，收获喜人。石榴还经常被用来当作盆栽植物，小盆的放在窗台、阳台和居室里，大盆的可布置在公共场所和会场。

# 澳大利亚国花：金合欢

## 小档案

金合欢是一种豆科小乔木，它有美丽的刺球状的花。盛开时，就好像金色的绒球一般挂满树枝。几天过后，一切又都消失不见。人们根据这个特点，把金合欢的花语定为稍纵即逝的快乐。

## 金色屏障

金合欢是澳大利亚最具代表性的植物之一。澳大利亚许多居民一般不会为庭园修筑围墙，而是将金合欢种在房屋周围当作刺篱，这样既别致又美观。金合欢花开时，庭园周围就像金色屏障。那浓郁的花香，令人沉醉。

## 普罗旺斯的金色点缀

现在，金合欢的足迹遍布世界各地，即使在以薰衣草闻名的普罗旺斯，也有它们美丽的身影。金合欢一般在春夏绽放，但它们被移植到法国后，就在冬末绽放，所以在冬季，普罗旺斯就有了金色的点缀。

## 广泛的运用

金合欢还具有很高的经济价值，人们可以从它的花中提炼芳香油，用来制作香水；它的荚、树皮和根可以用来制作黑色染料；它的树脂可做工艺原料或供药用；它的木材坚硬，可制贵重器具。

# 摩纳哥国花：石竹

**小档案**

石竹原产地在地中海地区，叶丛青翠。从春天到秋天，都能看到它们在绽放。石竹的花朵美丽，花瓣具縋缘及浓郁气味，因而广受栽培。

## 亲情的代名词

石竹品种很多，康乃馨就是最常见的一种，康乃馨代表着爱和尊敬。人们把每年五月的第二个星期日定为母亲节，这天，人们就会买一束康乃馨送给母亲，感谢母亲的关心与爱护。

## 神话故事里的石竹

相传，有一位美丽的少女以编织花冠为生，她编出来花冠深受画家、诗人的喜爱。可是招来别人的嫉妒，竟被一位同行杀害了。太阳神为了纪念这位少女，便将她变成一朵美丽的石竹。此后，不少人便称它为花冠或王冠，认为它是神圣的象征。

## 美丽传说

有一些古籍提到，当圣母玛利亚看到自己的孩子耶稣遭受苦难时，心疼地流下伤心的泪水，眼泪掉下的地方就长出大片大片的粉色康乃馨。因此，粉色康乃馨便成为了母爱的代名词。

# 意大利国花：雏菊

**小档案**

雏菊和菊花长得很像，但实际上它与菊花是不同的品种，菊花花瓣纤长，而且卷曲；雏菊的花瓣则短小笔直，看起来就像是未成形的菊花。

## 君子风度，少女情怀

雏菊叶子碧绿，花朵娇小玲珑，叶与花色彩和谐。在西方，它有“少女花”的别称，深受年轻少女的喜爱。雏菊开花时，生机盎然，颇具君子风度和天真烂漫的风采，深得意大利人的喜爱，因此被选为国花。花语是隐藏在心中的爱、坚强等。

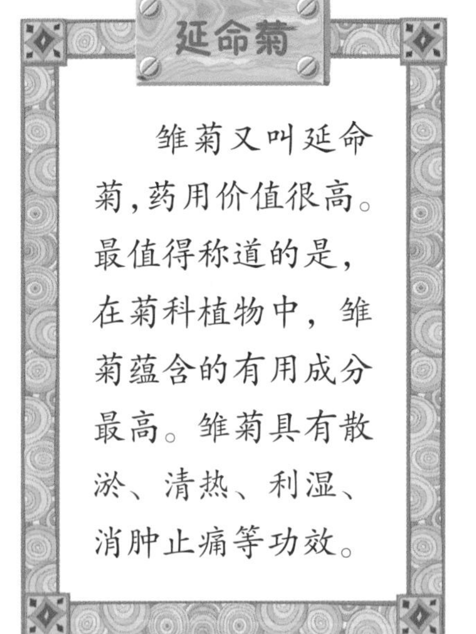

## 延命菊

雏菊又叫延命菊，药用价值很高。最值得称道的是，在菊科植物中，雏菊蕴含的有用成分最高。雏菊具有散淤、清热、利湿、消肿止痛等功效。

## 纯情的爱恋

在古代，雏菊还被用来占卜恋情。人们将雏菊的花瓣一片一片摘下来，同时在心中默念：爱我，不爱我。最后一片花瓣即代表爱人的心意。据说凡是受到雏菊祝福的人，一生可拥有如少女般天真纯情的心。

# 奥地利国花：白雪花

## 小档案

白雪花是奥地利的国花，它的花语是惹人怜爱的心。它的植株高50厘米~80厘米。春天到了，白雪花盛开了，雪白的花朵迎风摇曳，异常美丽。

## 纯洁无暇的白雪花

传说，有一位公主生得十分美丽动人，受到国王的倾慕。可是公主对国王十分冷漠，觉得受到侮辱的国王便对公主所在的国家发动了战争。后来当国王攻入对方宫殿时，却发现公主已经自杀身亡了。第二天宫殿围墙外便长出了雪白色的花朵，散发出一种清纯之美。

## 美丽传说

传说古罗马时代，有一位善良的少女和一个青年相恋，可是后来青年被魔女吸引住了，魔女用魔法使青年忘记了少女。少女便整天坐在蓝色的白雪花前哭泣。少女的真情打动了天神，天神便送给少女一样宝物——爱之神。少女利用宝物使魔女现出原形逃走了，青年重新回到少女的身边，少女这才又变得活泼起来。

# 芬兰国花：铃兰

## 小档案

铃兰主要分布在欧洲，是芬兰的国花。它的花朵雪白晶莹，精致优雅，像一个个小小的乳白色铃铛，有序地悬挂在枝条上。

## 雪花仙子作用大

铃兰在四五月开花，花朵呈白色小花铃状下垂，幽雅清丽，芳香浓郁四溢。花朵迎风飞舞，那场景让人忍不住联想到下雪，因此铃兰很多的地方常被人们称为“银白色的天堂”。它的花朵还可以用来提取芳香精油，是有名的香料。

## 美好的祝福

铃兰的寓意是“幸福、纯洁和美好”，寄托着人们“将幸福赐予纯情的少女”等美好祝愿。因此，在婚礼上，人们常常把铃兰送给新娘，代表对新人的祝贺。

## 勇士传说

传说，森林勇士圣雷欧纳德想为民除害，于是在森林中与邪恶的毒蛇拼杀，最后与毒蛇同归于尽。圣雷欧纳德死后，他身边的土地长出了散播芬芳的、犹如玉铃的白色小花，那就是铃兰。因此，人们认为铃兰是圣雷欧纳德的化身，把它赠给亲朋好友是美好的祝福。

# 法国国花：鸢尾

## 小档案

鸢尾是法国的国花，它体大花美，婀娜多姿，样子与百合花极为相似。因此很多人把它们弄混淆了。鸢尾的花语是纯真、优雅、友谊永固等。

## 美丽的“彩虹花”

鸢尾的音译是伊里斯。在希腊神话中，伊里斯是人们喜欢的彩虹女神。相传，当时鸢尾只生长在热带密林中，飞禽走兽对它们恋恋不舍，就连轻风和流水也会欣赏它们曼妙的身姿。于是，人们就把它们称为“彩虹花”，因为它们绚烂的色彩和彩虹女神伊里斯都美得令人心醉。

## 与百合的区别

因为鸢尾和百合很像，很多人都区别不出来。虽然鸢尾与百合似乎都有六片“花瓣”，可事实上鸢尾只有三片，外围的三片“花瓣”是保护花蕾的“盔甲”，只是由于这“盔甲”长得酷似花瓣，所以常常以假乱真。鸢尾的三片“花瓣”是向上翘起的，外围的“盔甲”则向下翻卷，而百合花的花瓣却一律向四周伸展。

## 不同颜色不同意义

鸢尾的花色众多，每种颜色都有不同的含义：白色的代表纯真，黄色的表示友谊永固、热情开朗，蓝色的表示赞赏对方素雅大方或暗中仰慕，紫色的则寓意爱与吉祥。

# 爱尔兰国花：白三叶花

## 小档案

白三叶原产于欧洲和北非，它适应环境的能力很强，有一定的观赏价值，现在是世界各国主要栽培牧草之一。白三叶花是爱尔兰的国花，它的花语是爱国和幸福。

## 幸运草

白三叶是人们比较熟悉的白车轴草，是一种三叶草。传说三叶草是夏娃从伊甸园带到大地上来的。不少人容易把白车轴草与四叶草弄混，四叶草是由三叶草变异而成的，真正的野生四叶草很难见，人们找到野生四叶草的概率只有万分之一。传说谁找到野生的四叶草，谁就会得到上帝的眷顾。

## 纪念圣帕特里克

传说传教士圣帕特里克曾带着《圣经》和福音来到爱尔兰传教，他用白三叶阐释基督教著名的“三位一体”理论。

圣帕特里克对爱尔兰倾注了许多精力，为爱尔兰做了无数好事，为爱尔兰文化谱写了新的篇章。圣帕特里克去世后，人们为了纪念他，便把他去世的日子——3 月 17 日定为“圣帕特里克节”，而他用来解释“三位一体”理论的白三叶则成为爱尔兰的象征，白三叶花也就成为爱尔兰的国花。

现在，“圣帕特里克节”已成为西欧地区的重要节日。每到这天，人们会穿上以绿色白三叶为装饰的衣服游行，举办餐会或参加教堂活动。

# 卢森堡国花：月季

## 美娇艳的花

月季被人们称为“花中皇后”或“月月红”。它是低矮灌木，四季开花，一般为红色或粉色，偶有白色和黄色等。在不少人的眼里，月季有坚韧不拔的精神，因此不少国家将其选为国花，卢森堡就是其中之一。

### 小档案

月季属于蔷薇科，样子和玫瑰很像，但它和玫瑰是两种不同的植物。月季一般在夏季开花，花常数朵同生，花呈深红或淡红色，也有白色的，每一朵都美丽娇艳。

## 不同颜色，不同含义

月季花色繁多，不同颜色的花有不同的含义：白色的寓意尊敬、崇高和纯洁；红色的代表着纯洁的爱、热恋等。粉红的代表初恋、优雅、高贵；橙黄的表示富有青春气息；黑色的代表有个性等。

## 与玫瑰的区别

月季与玫瑰外形很像，但只要认真观察，你就能把它们区别开来。月季“个头”较大，花色繁多，有些枝条上有刺，有些没有；月季复叶有三到五片小叶，叶面光滑。玫瑰芳香浓郁，一根枝条上一般开一朵或几朵花；复叶至少有五片小叶，小叶上的叶脉下凹；玫瑰茎上长满了小刺。

## 小档案

三色堇是欧洲常见的野花物种，也常栽培于公园中，是冰岛、波兰的国花。三色堇比较耐寒，喜凉爽，开花受光照影响较大。它的花语是思慕、想念等。

# 波兰国花：三色堇

## 新奇逗趣的面容

从名字就能想到，三色堇有三种颜色，这三种颜色全都集中在五片花瓣上。三种颜色构成的图案就像小猫的耳朵、脸蛋和嘴巴，所以人们又叫三色堇为猫脸花。微风拂来，三色堇像极了翩翩起舞的蝴蝶，所以它还有蝴蝶花的别名。

## 最大的敌人

三色堇赏心悦目，但它有自己的烦恼，那就是——黄胸蓟马。黄胸蓟马是一种害虫，每次受到它的侵袭后，三色堇身上就会留下一些灰白的斑点。如果黄胸蓟马吸食三色堇花朵的汁液，那三色堇就会提前凋谢。

## 丘比特的一箭

传说，三色堇本来是白的。爱神丘比特是个顽童，他的箭法总是不准。这天，爱神找到一个倒霉鬼，准备拿他练箭。谁知一箭射出，一阵风忽然吹过来，这支箭射中了三色堇，花心就流出了鲜血与泪水，这血与泪干了之后便再也抹不去了，从那以后，它就有三种颜色了。

# 老挝国花：鸡蛋花

## 小档案

鸡蛋花属于夹竹桃科，是一种落叶小乔木。鸡蛋花的花瓣洁白，花心淡黄，看上去很像蛋白包着蛋黄，所以人们给它取名为鸡蛋花。

## 手折纸风车的外形

每年的夏秋季节，端庄高雅的鸡蛋花便陆续绽放，香气浓郁，沁人心脾，一朵花上五片花瓣轮叠而生，很像手折的纸风车，具有很强的观赏性。现在，老挝人民把鸡蛋花定为国花，花语是希望、复活、新生等。

## 踪迹遍布全球

鸡蛋花的故乡在热带美洲地区，但现在已遍布全球热带及亚热带地区。在旅游胜地夏威夷，人们喜欢将鸡蛋花采下来串成花环，装饰在自己身上。

## 用途多多

鸡蛋花除了美丽可爱之外，还有很多其他的价值。它可以用来提取芳香油，制造高级化妆品、香皂或食品添加剂等；也可以晒干后用来泡茶，有润肺解毒的功效；鸡蛋花树皮中的白色汁液可以治疗疥疮、红肿等病症。

# 新加坡国花：
# 万代兰

## 卓越锦绣

万代兰的花语是卓越锦绣、万代不朽等。新加坡素有“兰花之都”的美称，万代兰是新加坡的国花，新加坡人民最喜爱是卓锦·万代兰，因为就算环境再恶劣，它也能克服困难，展露甜美笑容。

万代兰的家族庞大，是极为重要的花卉之一。它的植株直立向上，叶片互生于单茎的两边，犹如人体前胸的肋骨。它的花形壮硕，花姿奔放，花色华丽，非常美丽。

## 以人名命花名

新加坡有一座特别的兰花花园。如果有贵客来参观花园，花园里的某一新品种兰花就能拥有属于自己的名字了——那位贵客的名字。这被看作是新加坡接待贵宾的最高礼遇呢。卓锦·万代兰就是万代兰家族中最出名的一种。

## 给点阳光就灿烂

万代兰不怕热，喜欢待在阳光充足的地方。如果光线不强，它们就不会开花。当然，如果条件适宜，它们能季季开花。万代兰看上去娇滴滴的，却并不娇贵，在热带地区，它们能活得更好。

新西兰国花：

# 银蕨

## 名称的来由

新西兰有非常多的蕨类植物，其中有一小半都是新西兰特有的品种。不过新西兰人最喜爱的就是银蕨，银蕨不仅长得很高大，而且叶子背面闪闪发光，所以称之为“银蕨”。

## 小档案

银蕨是新西兰的国花，它的花语是崇敬、忠心等。银蕨刚长出来时，嫩蕾弯曲成球状，像一颗圆圆的露珠，有人因此称之为初露。大多数银蕨在野外生长。

## 照亮回家的路

银蕨叶子的背面银光闪闪，所以人们能循着银光找到回家的路。因此，银蕨成为了新西兰人的精神寄托，他们将银蕨看成是他们的独特标志和荣誉代表。现在人们去新西兰旅游，游客们随意就可找到银蕨的图样。

## 恐龙的同伴

蕨类植物大多出现得比较早，银蕨在地球上出现的具体年份暂时还无法确定，但有些人认为银蕨可能与恐龙是同时代出现的。

# 坦桑尼亚国花：丁香花

## 小档案

提到丁香花，就不能不提到坦桑尼亚奔巴岛，因为那个小岛上生长着几百万棵丁香。因此，这里成为举世闻名的“丁香之岛”，人们称这个岛为“世界上最香的地方”。

## 最赚钱的国花

坦桑尼亚的国花是丁香花，它的花语是光辉、纯洁等。在坦桑尼亚，除了奔巴岛，丁香花还在桑给巴尔岛上大片生长，而这两个岛的丁香总量约占国际市场的 80%，丁香产值又占当地政府总收入的一大半，所以当地人把它们誉为“摇钱树”。

## 与洋丁香的区别

我们常见的丁香与坦桑尼亚的丁香是不同的。前者属于观赏丁香，观赏丁香花序硕大，花色淡雅，花香浓郁，栽培简易，在园林中广泛栽培应用。而坦桑尼亚的丁香属于药用丁香，将树根、树皮、树枝、果实、花蕾等蒸馏，所得的油可以用作药源或香料。

## 功能强大

丁香可以被用来制成香料，有些鸡尾酒也会加入丁香作为调料。丁香具有止痛的功效，可以治疗牙痛，它的精油还可以减轻风湿疼痛和肌肉酸痛等症状。丁香的精油还有杀菌作用，还可以消解紧张，振奋精神。

阿拉伯联合酋长国国花：

# 孔雀草

## 小档案

孔雀草属于菊科，原产于墨西哥，茎直立，通常近基部分枝，分枝斜开展。它的花色丰富，有橙色、黄色等，花形与万寿菊相似。

## 花坛的“人气新星”

孔雀草是阿拉伯联合酋长国的国花，花语是爽朗、阳光。因为孔雀草的有些花朵外轮为暗红色，内部为黄色，所以它又叫红黄草。孔雀草开花时，各色花朵布满枝头，绚丽而可爱，因此它成了花坛的“人气新星”。

## 本来叫太阳花

孔雀草原本叫太阳花，后来这个名字被向日葵抢走了。孔雀草性喜阳光，原来的花语是“晴朗的天气”，后来被人们改为“爽朗、阳光”。传说，凡是受到孔雀草祝福而生的人，从不拖泥带水。

## 延年益寿的功效

孔雀草还具有很高的药用价值。在一些地方，它被视为止鼻血的良药。开花后，人们将孔雀草的植株和花一起采收，经蒸馏后可提取出精油制作香水。据说，以前生活在高加索地区的居民常把孔雀草当作食材，他们认为那样可以延年益寿。

# 斐济国花：扶桑花

## 小档案

扶桑花是常绿灌木，株高约1米～3米，枝条呈圆柱形，有星状柔毛，叶片呈卵形，花朵较大，颜色鲜艳。扶桑花是斐济的国花，花语是新鲜的恋情、微妙的美等。

## 让人温馨

扶桑花的颜色有红色、粉色、白色、淡黄色等。其中，淡黄色的扶桑花盛开时，就像闪光的金子，在阳光下闪耀着迷人的色彩。淡雅、清新的芳香散发在空气中，让人备感温馨。

## 国花和市花

因为生长在野外的扶桑花大多为红色，所以中国岭南一带将其称为大红花。扶桑花除了是斐济的国花，还是中国广西南宁的市花。南宁国际会展中心的主建筑穹顶造型便是扶桑花花朵的造型。

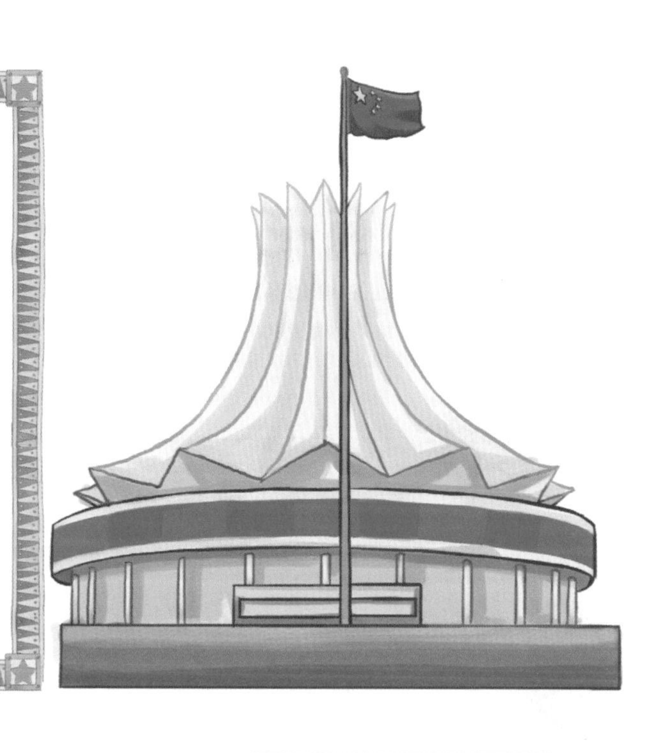

## 既好看又有用

扶桑花美丽大方，有顽强的生命力，在适宜的土壤、阳光、水分和肥料的辅助下，它能迅速生长。扶桑花的叶子富含营养，在欧美一些地区，它的嫩叶还会被当成菠菜的替代品；它的花还能被人们制成腌菜。此外，扶桑花的根、叶、花都可以入药。

印度国花：

# 荷花

## 小档案

荷花是人们非常熟悉的一种植物，它是印度的国花，花语是清白、坚贞、纯洁等。荷花有长而肥厚的地下茎——莲藕，夏季开花，花单生于花梗顶端，有红、粉红、白等颜色。

## 绿色的帘

荷花在印度有“七宝莲花”之称。印度人民把荷花看成是吉祥、平安、光明的象征，他们还把荷花比喻为英雄和神佛。

## 印度的国花

很早以前，印度人民就非常喜爱荷花，印度古代文献就记载了在古印度人们对荷花的崇拜。印度人民用荷花来表示美好的事物，人们把荷花刻在石头上，画佛像、塑佛身，都是以荷花为台座。

## 美丽的传说

传说，一位美丽的仙女十分羡慕人间的生活。她听说西湖很美，便想去看一看。有一天，仙女趁王母不在，来到西湖，一下子就被西湖吸引了，再也不想回天宫了。王母知道后，立刻派人来捉拿仙女。可仙女还是不愿离开，王母一怒之下用莲花宝座将她打入湖中，并让她“永世不得再登南天”。此后，西湖长满了美丽的荷花。

# 尼泊尔国花：杜鹃花

## 小档案

杜鹃花是著名的花卉之一，它的花朵呈漏斗状，有深红、淡红、紫、白等多种颜色。杜鹃花开放时，满山鲜艳，像彩霞绕林，人们因此称誉它为“花中西施”。

## 美好象征

尼泊尔把杜鹃花定为国花，国徽中就有十几朵杜鹃花。杜鹃花盛开时，五彩缤纷，能唤起人们对生活的热爱，这正是尼泊尔人民热爱它的原因。

## 别名映山红

杜鹃花又叫映山红，这是因为它们开花时，红色的光彩能把山映红。许多文人墨客写诗来赞美杜鹃花，如中国宋代杨万里的“何须名苑看春风，一路山花不负侬。日日锦江呈锦样，清溪倒照映山红”。在诗中，诗人对杜鹃花顽强的生命力表达了由衷的赞美。

## 美丽的传说

传说，蜀王杜宇与王后非常恩爱。可蜀王遭人所害，他的灵魂化作一只杜鹃鸟，每日在王后所住屋子的窗前啼鸣。它落下的泪珠是红色的，渐渐地，红色泪珠染红了王后窗前的花朵。因为这种花由杜鹃啼血所成，所以后人就叫它杜鹃花。后来，王后因思念蜀王而死，她的灵魂化为杜鹃花开满山野，与杜鹃鸟相依相伴。

# 第六章

# 一树一民族

树木是造福人类的天使，许多国家和民族把自己喜爱的树定为国树，与自己民族的思想感情息息相关，它和国旗、国歌、国花、国鸟一样，都是国家的象征、荣誉和骄傲。

加拿大国树：

# 枫树

### 小档案

加拿大有“枫叶之国”的美誉。枫树的红色叶子是加拿大的象征，其国旗常被称为“枫叶旗”，国徽也是三片红枫的盾形纹章，就连国歌也是《枫叶·万岁》。在加拿大，枫树的身影随处可见，它象征着火红、热烈、赤诚。

### 赏枫胜地

北京香山、苏州天平山、南京栖霞山、湖南长沙岳麓山是中国四大赏枫胜地。

## 枫糖节

每年3月，加拿大就会举行一年一度的“枫糖节”，全国数千个枫林都张灯结彩、喜气洋洋，人们把采集来的枫树汁液煮沸加工后做成可口的枫糖浆。世界上约80%的枫糖浆来自于加拿大的魁北克。

## 秋日的红色海洋

枫树高大挺拔，最高可达24米，喜光、耐旱、耐寒，适应性强；枫叶较大，叶柄细长，所以只要稍微有点风，枫叶就会互相摩擦，发出“哗啦哗啦”的响声。每当春天来临，枫树还会开出花朵。等到秋季，枫叶就会变成红色，置身其中，就好像来到红色的海洋之中。

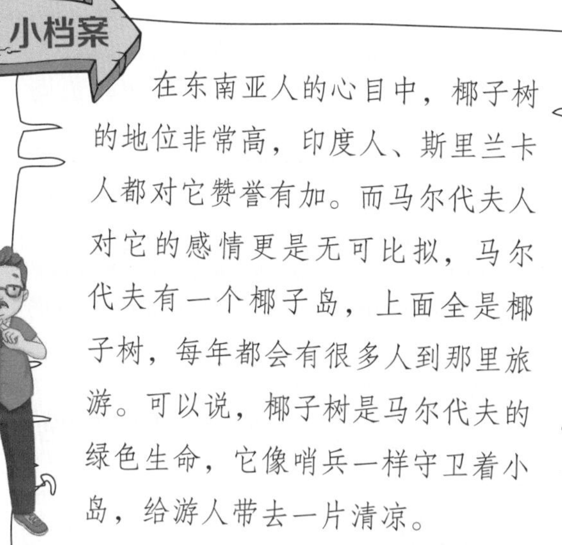


在东南亚人的心目中，椰子树的地位非常高，印度人、斯里兰卡人都对它赞誉有加。而马尔代夫人对它的感情更是无可比拟，马尔代夫有一个椰子岛，上面全是椰子树，每年都会有很多人到那里旅游。可以说，椰子树是马尔代夫的绿色生命，它像哨兵一样守卫着小岛，给游人带去一片清凉。

马尔代夫国树：

# 椰子树

## 美丽风景线

椰子树的树干光滑而挺拔，树叶从树顶“炸”出来，像礼花。一年四季，花开花落，果实不断。在人们的印象中，椰子树是海洋风情的象征，可以让人忘掉烦恼，尽情地享受蓝天白云，享受快乐。

## 海边的精灵

在热带海边，椰子树的身影随处可见。因为海边有充足的水分和阳光、适宜的温度和沙土，能满足椰子树生长所需的条件。

椰子具有很强的漂浮能力，常常可以在海中漂行几个月，既不会沉没，也不会腐烂，直到再次被冲上海岸，然后在新的地方生根发芽。

美国国树：

# 橡树

## 小档案

橡树是世上最大的开花植物，它的生命期很长，高达400年。橡树的果实是坚果，一端毛茸茸的，另一头光溜溜的，是松鼠等动物的美食。美国人觉得橡树长得强壮、挺拔，象征着他们的民族精神，所以美国人将其定为国树。

## 绿色的帘

据说橡树树冠有多大，它的树根就能延伸多广。大家可以想象一下那是怎样一幅画面——在我们看不见的地下，散开的树根就像一棵枝繁叶茂的大树。如果将一棵大橡树完整地挖出来，它的根部就像它的树冠一样，"茂盛"至极。

## 具有神秘的力量

在一些地区，人们认为橡树具有神秘的力量。在希腊传说中，橡树就生长在宙斯的神殿内，它的叶子发出沙沙的声音，那是宙斯在对希腊人民进行劝导。因此，许多国家皆将橡树视为圣树，认为它具有魔力，是长寿、强壮和骄傲的象征。

## 强壮又美丽

橡树不仅身躯强壮，而且形象美丽大方。它的树叶随着时间的变化而发生改变。初秋，它是一身绿装。渐渐地，叶子开始泛黄，就像闪闪发光的金色蝴蝶。一段时间过后，叶子掉落，缓慢地脱离树身，犹如“美叶迟暮”，还在怜惜自己的容颜呢！

# 阿根廷国树：赛波树

## 小档案

赛波树又叫奥布树，原产于南美洲的阿根廷等地，现在作为行道树被广泛种植。赛波树形态坚挺向上，代表了阿根廷人民争取民族解放的坚强意志，所以成了阿根廷的国树。

## 夏天的遮阳伞

合适的生长环境让赛波树枝叶繁茂，它那粗大的树干一个人可是抱不住的。它的树冠就像大大的遮阳伞，在夏日炎炎之时，给大地带来大片阴凉。

## 绿色之都

阿根廷的首都布宜诺斯艾利斯让人印象最深的不是现代化的建筑物，而是满眼的绿色。

这座城市，不仅街心花园和广场铺着绿茸茸的草，当地居民的家里，还有商店里，也都会摆放一些青翠的观赏植物。

这个城市景色秀丽、树木葱郁，赛波树可算是功不可没。赛波树大面积、大范围出现的方式给这座城市的绿化建设做出了巨大的贡献。

# 牙买加国树：愈疮木

## 会发光的木材

愈疮木的生长速度很慢，植株最高可达 30 米，但一般都低于 10 米。它的树冠大而密，树皮表面较光滑。它的木材能分泌油性物质，散发出好闻的气味。此外，如果你仔细察看木材，还能发现它会发出微弱的光泽。

## 小档案

愈疮木在中国叫铁力木，名气不是很大，但在牙买加，它可是鼎鼎有名的国树，被当地人称为“生命之木”！愈疮木的木纹接近交错状，纹理细密整齐，是稀有的造船资源。

## 稀有材料

因为防腐性能特别优越，愈疮木曾被人类用在造船等领域。但是因为人们的滥砍滥伐，它现在已经成为濒危植物。愈疮木的生长速度极慢，据说100年的时间，树干才能达到一个足球那么大。

## 在中国的主要用途

愈疮木是一种优良木材，因硬度大而得名，具有极高的经济价值。愈疮木在中国多被用于制作佛珠、佛像、文具及家具等，它在中国有一个美丽的名字——绿檀。

## 马达加斯加国树：
# 旅人蕉

### 贮水救人

旅人蕉的老家在非洲的马达加斯加，马达加斯加人民将它誉为国树。旅人蕉以特有的贮水功能救人于危难中，这种牺牲自己帮助别人的品格，受到人们称赞。

### 小档案

旅人蕉身材高大魁梧，根系很发达，生长迅速。它的叶片硕大奇异，状如芭蕉。旅人蕉喜欢生活在温暖湿润、阳光充足的地方。虽然它的样子像树，但实际上是草本植物。

## 天然的饮水站

旅人蕉可以为人们遮挡烈日，还是天然的饮水站。它的叶柄底部有“贮水器”,一个“贮水器”可以贮藏几斤水。干渴的人们只要在这个部位划开一个小口子，就像拧开了水龙头一样，清凉甘甜的水会立刻涌出，帮人们消暑解渴。因此，人们把旅人蕉称为“水树”“沙漠甘泉”“救命之树”等。

## 赏心悦目的植物

经过人工培育，人们渐渐将旅人蕉移栽到公园、庭院或校园内。这样，它就从野外逐渐向人口密集的城镇转移，从野生植物变成一种让人赏心悦目的植物。

泰国国树：

# 桂树

## 吉祥象征

泰国人民认为桂树象征着吉祥，所以都喜欢它，并且把它选为国树。桂树喜欢待在温暖的环境里，在排水良好、富含腐殖质的土壤中。

## 小档案

桂树是常绿乔木或灌木，一般在秋季开花。它的花轴很长，花轴上长有许多向下悬垂、黄澄澄的花朵，在风与阳光中摇曳起伏，就像一串串美丽的金项链。

## 古老的传说

传说,吴刚一直在月亮上的广寒宫前砍桂树，但每砍一斧头，桂树又恢复如初。几千年来，桂树一直没能被砍倒，而吴刚就一直在重复这件事。这是因为吴刚犯了错，仙人用这种方式来惩罚他。

## 用处多多

一直以来，桂树就为人类奉献着自己的一切。桂树被称作“百药之长”，能帮助人们散寒、治牙痛。桂花的香味浓郁而持久，可以用来酿酒。人们还可以从桂花中提取芳香油或把桂花用作食品、糖果等的原材料。

# 秘鲁国树：金鸡纳树

## 小档案

金鸡纳树原产于南美洲，它喜欢穿黄绿色的衣裳。每年夏初，它就会开出小花，花与叶交相辉映，好看极了！秘鲁人民十分喜爱它，并把它选为国树。

## 药材采集

金鸡纳树具有很高的药用价值，树皮可以用来制作治疗疟疾的药物。在南美地区，人们通常在雨季将金鸡纳树砍倒，剥取树皮，再把树皮压成扁平的片状，接着晒干或烘干。

## 珍贵的药用价值

据说在17世纪，西班牙的一位伯爵带着妻子来到了南美洲的秘鲁。伯爵夫人不幸染上了疟疾，医生们找不到医治的办法，伯爵非常着急。

经过多方打听，他知道用金鸡纳树的树皮制成药就可以医治这种病，伯爵马上找到它，拿回去制成药物给妻子服用。试用几次以后，伯爵夫人的病真的好了。

从此，金鸡纳树声名大噪，身价猛增。这一发现在医学界引起了不小的轰动，许多研究人员特地跑到南美洲进行考察和研究。后来消息传到了欧洲，欧洲人对此十分震惊。通过各种途径，欧洲人把金鸡纳树移植到欧洲。

# 澳大利亚国树：
# 桉树

## 绿色森林

在澳大利亚那块神奇的土地上，各种各样的树组成了郁郁葱葱的森林，来自世界各地的游客几乎都很留恋那片奇趣之地。在澳大利亚宽广的森林中，桉树的数量比其他树都多。

## 小档案

桉树的原产地是澳洲大陆，19世纪之后，它被引种至世界各地，有很高的经济及药用价值。桉树的体形差异很大，有高达百米的大树，也有矮小的灌木。

## 神奇的水土

澳大利亚是一个独特的国家，拥有独特的动物和植物。那里有世界上数量最多的袋类动物，如著名的袋鼠；众多珍稀的植物也安静地生长，桉树就是当之无愧的代表。

## 怕冷的高个子

桉树喜欢阳光，害怕寒冷，像中国北方那样的地方，它们是适应不了的。桉树四季常青，生长迅速，对矿物质的需求量并不像其他植物那样大。在澳大利亚，可爱的树袋熊常以桉树的树叶为食呢！

# 印度国树：菩提树

## 菩提本有树

俗话说：“菩提本无树，明镜亦非台。”“本无树”让不少人以为世界上没有菩提树，认为“菩提”只是一种思想产物。可实际上，菩提树不仅存在，还是印度的国树。

### 小档案

菩提树的树形高大，有些有10层楼那么高。树干笔直，树皮为灰色。菩提树一般在11月开花，花谢后会有一个或两个果子生在叶腋处，那些果子被人们称为“隐花果”。

## 佛门圣树

印度是佛教的发源地，佛门弟子把菩提树奉为圣树，印度人对它总是怀着一种敬意。在印度这个植物种类很多的国家，能够戴上印度国树的“桂冠”，它也算是扬眉吐气了！

相传，释迦牟尼在菩提树身边修道时，菩提树为他遮风挡雨，助他安心修道。因此，不少人把菩提树看作是佛教最早的护法神。东南亚的佛教信徒们常焚香撒花，围绕菩提树进行礼拜，这渐渐发展成为一些地区特定的习俗。

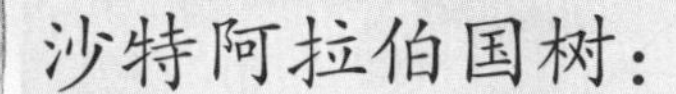

# 沙特阿拉伯国树：枣椰树

## 美味的果子

枣椰树的果实产量很高，是一些国家的重要出口农作物。它的果实多是椭圆形的，形状和大小有点像红枣。由于果实味道甜美，营养价值高，所以人们称之为“沙漠面包”，伊拉克人则称之为“绿色金子”。

## 小档案

枣椰树又叫海枣树，它的栽培历史可追溯到公元前3500年，它还是圣经中的“生命之树”。据说耶稣返回耶路撒冷时，居民就用枣椰树的树叶夹道恭迎。

## 空中花园

在上海世博会中，沙特馆顶上就种植了枣椰树，造就了一个充满异域风情的空中花园。据有关人士介绍，人们在沙特馆四周种植枣椰树有两大原因：一是千百年来，枣椰树养育了沙特阿拉伯人。在沙特阿拉伯，几乎每一座村庄和城市中都有它的身影，沙特阿拉伯人对它有着很深的感情。二是枣椰树是一种多产树，并且生命周期很长，象征着沙特阿拉伯的民族精神。在以前，还有人将它的枝条编成花环送给战斗英雄。

## 瑞典国树：
# 欧洲白蜡树

### 耐寒第一

欧洲白蜡树非常耐寒，即使零下十几度，它也毫无惧色。肥沃湿润的土地能让它快速生长，干旱贫瘠的地区也是它的家园。它凭着坚忍不拔、不屈不挠的精神成为瑞典的国树。

### 小档案

欧洲白蜡树是落叶乔木，树干高达30米。冬季，欧洲白蜡树有黑色的芽苞，观赏性很强。它的叶子较小，呈羽状，深绿色，秋季叶片变成黄色。

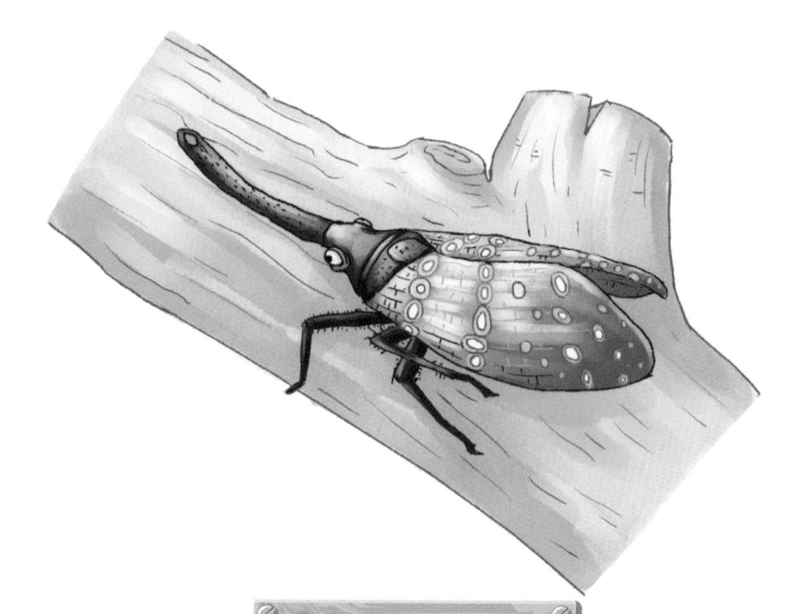

## 与白蜡树的区别

欧洲白蜡树与白蜡树常被人们弄混，前者主要分布在欧洲大陆。白蜡树因其树上有白蜡虫而得名。现在，白蜡树因大量被砍伐、环境破坏等，数量逐年下降。不管是哪一种树，人们都应该合理利用。

欧洲白蜡树通常有30米高，因极能耐寒而被人们高度赞扬，常作为观赏植物。白蜡树外表具有光泽，没有特殊气味，材质坚硬，木材加工性能好，因此成为制造地板的优质原材料。

# 利比亚国树：油棕

## 小档案

油棕又叫油椰，是利比亚的国树。油棕树形高大健壮，是有名的产油经济作物。油棕的果肉和果仁都能榨油，前者榨出的油就是著名的棕榈油。

## 用途多多

油棕树形优美，树冠巨大、浓密，属于不可多得的林荫树。棕榈油比大豆油要便宜一些，所以竞争力更强。油棕的果实加点糖或用盐水煮一煮，油而不腻，清香爽口。果肉还可以用来制作肥皂和蜡烛，种仁可制作人造乳酪。

**图书在版编目（CIP）数据**

花草物语 / 九色麓主编 . -- 南昌 : 二十一世纪出版社集团 , 2017.6
（奇趣百科馆 ; 4）
ISBN 978-7-5568-2696-4

Ⅰ . ①花… Ⅱ . ①九… Ⅲ . ①香料植物－少儿读物Ⅳ . ① Q949.97-49

中国版本图书馆 CIP 数据核字 (2017) 第 114756 号

# 花草物语

九色麓 主编

**出 版 人** 张秋林
**编辑统筹** 方 敏
**责任编辑** 刘长江
**封面设计** 李俏丹
**出版发行** 二十一世纪出版社（江西省南昌市子安路 75 号 330025）
www.21cccc.com cc21@163.net
**印 刷** 江西宏达彩印有限公司
**版 次** 2017 年 7 月第 1 版
**印 次** 2017 年 7 月第 1 次印刷
**开 本** 787mm×1092mm 1/16
**印 数** 1-8,000 册
**印 张** 9
**字 数** 75 千字
**书 号** ISBN 978-7-5568-2696-4
**定 价** 25.00 元

赣版权登字 —04—2017—368